不可思议的动物真相系列

你
不知道的
恐龙真相

〔英〕尼克·克伦普顿　著

〔英〕加文·斯科特　绘

邢立达　译

深圳出版社

版权登记号　图字：19-2023-228 号

EVERYTHING YOU KNOW ABOUT DINOSAURS IS WRONG
Text Copyright © Dr Nick Crumpton 2021
Illustrations Copyright © Gavin Scott 2021
Copyright licensed by Nosy Crow Ltd.

图书在版编目（CIP）数据

你不知道的恐龙真相 /（英）尼克·克伦普顿著；
（英）加文·斯科特绘；邢立达译 . -- 深圳：深圳出版
社，2024.6
　（不可思议的动物真相系列）
ISBN 978-7-5507-3951-2

Ⅰ . ①你… Ⅱ . ①尼… ②加… ③邢… Ⅲ . ①恐龙 –
少儿读物 Ⅳ. ① Q915.864-49

中国国家版本馆 CIP 数据核字 (2024) 第 002683 号

你不知道的恐龙真相
NI BU ZHIDAO DE KONGLONG ZHENXIANG

出 品 人　聂雄前
责任编辑　邬丛阳　李新艳
责任技编　陈洁霞
责任校对　万妮霞
装帧设计　心呈文化

出版发行　深圳出版社
地　　址　深圳市彩田南路海天综合大厦（518033）
网　　址　www.htph.com.cn
订购电话　0755-83460239（邮购、团购）
设计制作　深圳市心呈文化设计有限公司
印　　刷　深圳市华信图文印务有限公司
开　　本　889mm×1194mm　1/8
印　　张　9
字　　数　75 千
版　　次　2024 年 6 月第 1 版
印　　次　2024 年 6 月第 1 次
定　　价　108.00 元

目 录

简 介

在人们称为中生代的时期，恐龙统治了地球长达上亿年的时间，直到在约6600万年前的一次大灭绝事件中才全部消失。这些是众所周知的！

现在，为什么你又拿着一本关于恐龙的书？你不是已经对**霸王龙**、**三角龙**和**梁龙**了如指掌了吗？

实际上，这本书将要告诉你……一些被误传的恐龙真相！

不过别担心，这不是任何人的错。这是因为你所知道的大部分恐龙"真相"，都是大人们告诉你的。但是，随着时间的变化，他们曾经知道的各种"真相"也在过时。

真相的有趣之处在于，当新的发现出现时，过去的"真相"可能会被证明是错误的。

事实上，科学工作的整个方式就基于可证伪性：如果有足够的新证据表明某件事情是错误的，那么它便是错了的。为什么可证伪性如此重要？

因为在过去的几年里，研究古代动物的科学家，也就是古生物学家，发现了许多新的恐龙化石。它们中有的惊人，有的可怕，有的奇怪，有的可爱，体形也有小有大——现在我们知道，此前许多已知的恐龙"真相"都是错误的！所以，这本书想让大家看看，那些错误究竟是多么离谱！准备好，让我们一起重新学习恐龙真相吧！

恐龙都生活在同一时期

很多人认为所有的恐龙都生活在同一时期：
像**剑龙**、**霸王龙**和**板龙**这些恐龙，在整个恐龙时代一起在地球上漫游。
事实上，不同类型的恐龙各自只存在了两三百万年的时间，
只有少数比较知名的恐龙曾经生活在同一时期。

恐龙生活在**三叠纪**、**侏罗纪**和**白垩**（è）**纪**，这是一段漫长得令人迷糊的时期**"中生代"**。
有时，你很难搞清楚这个时代持续了多长时间，以及恐龙存在了多久。

古生代
中生代之前的地质时
代，约5.39亿—2.52
亿年前。

大灭绝事件

中生代
约2.52亿—6600万
年前，也被称为
"恐龙时代"。

三叠纪

约2.52亿—2.01亿年前

我们已知最早的恐龙之一，是来自约2.43亿年前的**尼亚萨龙**。
它体形小、速度快，但我们只能通过保存下来的寥寥几块骨骼化石来
了解它。事实上，一些古生物学家甚至不确定它是否是真正的恐龙。因
为，它比我们知道的其他恐龙，如**始驰龙**和**噬**（shì）**颌**（hé）**龙**，还
早了1000多万年。我们现在能确定的最早的恐龙，实际上生活在三叠
纪晚期。在这个时期，我们还可以找到其他更著名的恐龙祖先。

侏罗纪

约2.01亿—1.45亿年前

侏罗纪时期，地球变得比三
叠纪时期更加湿润，这也是恐龙
向陆地霸主转变的时期。侏罗纪
持续了很长很长的一段时间，以
至于**双脊龙**和**腕龙**之间的生存
时间间隔长达4000万年！

事实上，像霸王龙这样的白垩纪恐龙出现的时间，要比剑龙这样的侏罗纪恐龙晚得多，以至于霸王龙和你之间的时间距离，比和剑龙之间的时间距离还要近！

时间分隔了中生代早期和晚期的恐龙，但古生物学家们却把它们的化石放在一起观察，来追踪恐龙是如何随着时间演化的，包括恐龙及其后代的体形是如何改变的。例如，剑龙和它的近亲山岳龙看起来非常相似，但它们的部分骨架以及骨刺和骨板，看起来却非常不同。而且，它们在地球上出现的时间，相差了约1200万年。想象一下，那是多么长的一段时间！在距今约1200万年前，巨型地懒、三趾马和剑齿虎还生存在地球上！

不同的恐龙生活在不同的地质时代，我们几乎无法想象从第一只恐龙到最后一只恐龙的时间跨度。古生物学家也只发现了其中一小部分时期的恐龙化石。重现中生代时期的真实图景，就像是试图从一本书上撕下来的几页中，去理解一个完整的故事。幸运的是，古生物学家发现的化石越多，他们发现的故事内容也就越多！

大灭绝事件

新生代

当前和最近的地质时代，从约6600万年前至今。

白垩纪

约1.45亿—6600万年前

白垩纪时期，地球开始变得更像我们现在熟悉的样子。地球上演化出更多类型的开花植物，大陆也像我们今天看到的样子。到这一时期开始时，恐龙已经在地球上存在了约1亿年。

约6600万年前至今

恐龙都变成了化石

我们对恐龙的一切了解都来自化石，
因此我们极度渴望发现更多的恐龙化石。
但是有个问题……骨头变成化石几乎不可能发生。
一块骨头变为化石的概率大约是十亿分之一，
这是非常罕见的情况！

如果动物生活在特别干燥或潮湿的地方，比如高山或雨林，那么它的尸体很快就会腐烂，几乎不存在骨头变成化石的可能性。

但是，中生代的任何一个时期，都可能同时有大量的恐龙生活在世界各地，这极大地增加了化石保存的可能性。

而且，恐龙已经在地球上存在了上亿年，但人类寻找恐龙化石的历史只有一百多年。所以，地球上一定还有成千上万的化石等待着我们去发现！

每年，风都会吹走很多地表土壤，海水也会冲走很多悬崖上的岩石，这意味着我们仍然只看到埋在地球最表面的化石。

大多数化石发现于质地非常细腻的石头中，这些石头是由湿软的砂土层固结成岩形成的。

泛滥平原是世界上最好的化石点，它们多为湖泊或河流旁的湿地。比如阿根廷的奥卡·玛胡夫地区（萨尔塔龙的发现地），或者美国的国家恐龙化石保护区（剑龙的发现地）。

这些曾经的湿地中的很多地方，如今已经变得非常干燥。那些裸露在地表的岩石，很快就会经历强烈的风蚀作用，露出其背后隐藏了数千万年甚至上亿年的化石。

恐龙化石更有可能在河流及湖泊附近留存，所以那些喜欢在这种地方喝水和休息的恐龙，以及那些不小心掉进水里的笨笨的恐龙，今天我们能了解到它们的更多信息。

但是这些也意味着，大量曾经存在过的恐龙，都消失得无影无踪了！有谁能知道在干燥的林地、干旱的沙漠和遍布岩石的山间，曾经生活过哪些迷人的恐龙呢？

恐龙化石只能在沙漠中被发现

错误！

的确，恐龙化石经常被发现于没有植物和泥土覆盖的地表，比如戈壁滩。在这种地方，古生物学家可以直接在地表观察到那些在较新沉积物上翻起的古老岩层。但是，还有其他地方也可以发现恐龙化石……

悬崖峭壁上暴露的岩层，为科学家们近距离研究地质变迁提供了绝佳的地点。当海浪涌进威尔士卡迪夫附近的拉弗诺克角悬崖时，岩石开始慢慢剥落，露出其中埋藏的三叠纪**龙盗龙**骨骼化石！

但是，并不是全部化石的发现都需要汹涌的海浪来侵蚀地表露出的岩石。加拿大阿尔伯塔省的红鹿河岸，在经历了一场洪水冲刷后，露出了小型角龙——**纤角龙**的化石。

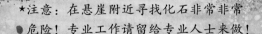
★注意：在悬崖附近寻找化石非常非常危险！专业工作请留给专业人士来做！

发掘地层露头是发现化石的可靠方法。矿工们在加拿大的岩石中寻找油页岩的时候，无意中发现了**北方盾龙**的化石，这具恐龙化石还保存有皮肤、盔甲、吻部，甚至嘴唇！

挖掘其他化石点可以寻找到更多的恐龙研究材料。来自澳大利亚的**闪电兽龙**和**木他龙**，是由正在寻找蛋白石的矿工们发现的。蛋白石本身是一种罕见的蓝色石头，有些人喜欢把它作为珠宝佩戴。一些恐龙的骨头，实际上已经变成了这种珍贵的宝石，它们非常漂亮，而且价值不菲。

古生物学家发现化石的地方多种多样，有些非常难到达，以前也没有什么人去过。

在南极洲比尔德莫尔冰川附近的柯克帕特里克峰，在它那较为光滑陡峭的一侧，古生物学家需要借助非常强力的手提钻，才能在厚厚的极地岩石中发掘**冰脊龙**的化石。

冰冻的地面、可怕的寒冷，导致了南极洲化石发掘的困境。在南极半岛外的詹姆斯·罗斯岛上，科学家们花了近10年时间，才将**南极甲龙**的化石从地下挖出。**南极甲龙**的意思是"南极洲的盾甲"，既是因为这种恐龙长有厚重的盔甲，也是因为它是在南极洲被发现的。

在苏格兰海岸外内赫布里底群岛的斯凯岛上，人们也发现了恐龙生存过的证据。海岸边倾斜的岩石上有大量的恐龙足迹。古生物学家们需要翻过数千米长的覆盖着藻类的湿滑岩石，才能到达可以研究这些足迹的地方。海岸线在冬天时非常寒冷，常常会狂风大作；夏天时又会有蜂拥而至的蚊虫！

还好，不是所有的化石发现地都是如此糟糕的工作环境。有些地方就比较容易发现化石。在中国东北地区的辽宁省，农民们在山坡上、田野里就能发现很多美丽的化石，包括一些压实在薄石板上的非常精致的恐龙化石。

蛋白石矿产地、极地岛屿和滑溜溜的悬崖……所以恐龙化石的发现地，不仅仅是沙漠！

恐龙都灭绝了

约6600万年前，地球横遭了一场浩劫。当时，一块巨大的陨石撞向墨西哥的海岸，随后大量岩浆和火山灰被喷射到空中，遮住了生物赖以生存的太阳。

地球变成了炼狱，这次大灭绝事件是大多数恐龙的末日……
但并不是所有的恐龙都灭绝了。

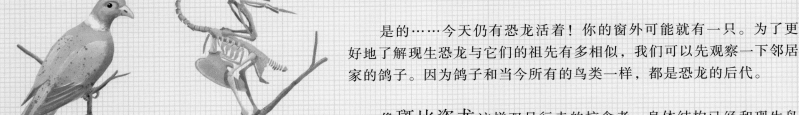

是的……今天仍有恐龙活着！你的窗外可能就有一只。为了更好地了解现生恐龙与它们的祖先有多相似，我们可以先观察一下邻居家的鸽子。因为鸽子和当今所有的鸟类一样，都是恐龙的后代。

像斑比盗龙这样双足行走的掠食者，身体结构已经和现生鸟类非常相似，它们"手部"的骨骼减少，"手臂"之间也都由一根叉骨支撑。然而，这些恐龙有一样东西是现生鸟类所没有的——牙齿！

但是，实际上，早期的很多鸟龙也都长有牙齿。比如近鸟龙和晓廷龙，它们不仅长得非常像其他不会飞的恐龙，行为和生活方式也非常相似。

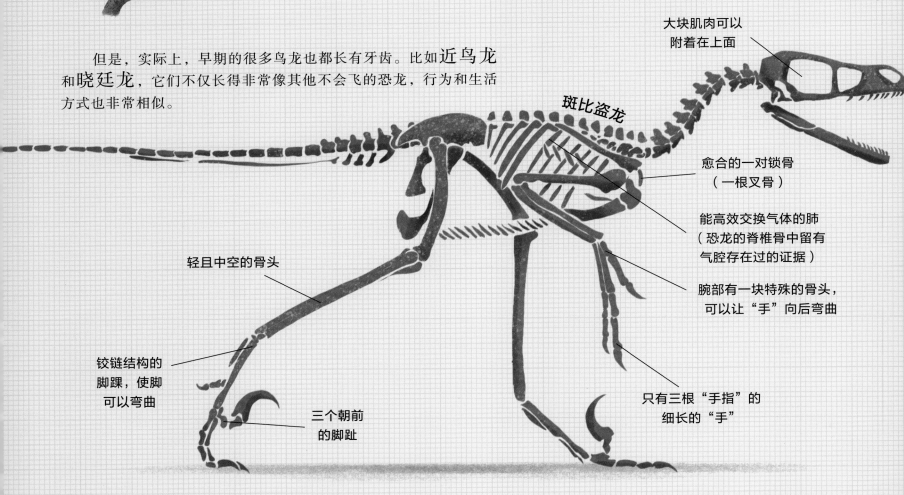

大块肌肉可以附着在上面

斑比盗龙

愈合的一对锁骨
（一根叉骨）

能高效交换气体的肺
（恐龙的脊椎骨中留有气腔存在过的证据）

腕部有一块特殊的骨头，可以让"手"向后弯曲

只有三根"手指"的细长的"手"

轻且中空的骨头

铰链结构的脚踝，使脚可以弯曲

三个朝前的脚趾

在那颗小行星（那块巨大的陨石）撞击地球之后，地球变得难以生存。鸟类的祖先体形要比其他许多恐龙小得多，可能更容易躲避突发的夺命森林火灾。它们的喙又可以吃到比较难获取的食物。同时，小体形也意味着可以比大型恐龙更快地繁衍后代。所有这些都表明，相比于体形较大的恐龙，鸟类的祖先更容易生存下来。

中生代末期，多种鸟类已经演化出现，但它们中的大多数都没有在白垩纪之后的大灭绝事件中幸存下来。现在，我们只能通过化石来了解它们。

以种子为食的**热河鸟**看起来与现生鸟类非常不同，因为它仍然有着长长的骨质尾巴！

热河鸟

孔子鸟像鸽子那么大，雄鸟会炫耀华丽的尾羽来吸引雌鸟。孔子鸟的骨骼非常轻，和现生的鸟类非常像。

孔子鸟

阿尔特穆尔鸟是一种原始的鸟类，它的骨骼结构以及"手臂"上的肌肉痕迹，证明它可以有力地扇动翅膀。这是其他飞行恐龙，例如**始祖鸟**，所无法做好的动作。

阿尔特穆尔鸟

一些生活在中生代的鸟类，比如有着长长的喙的**扇尾鸟**，它的祖先至今还没有被发现。

扇尾鸟

会鸟

会鸟的体形很大，其上颌上长有牙齿，但下颌没有。我们还发现**会鸟**会吞下石头来帮助研磨食物！

从这些开始，我们至今知道的所有鸟类，从蜂鸟到天鹅，从鹰到麻雀，都在慢慢演化。每一种都是来自远古时代的回声——恐龙就在我们身边！

恐龙自诞生起一直统治地球

错误！

恐龙时代开始于中生代初期，也就是三叠纪时期，对吗？
实际上，恐龙在演化初期的时候，与其他动物有过非常惨烈的生存竞争。
而且，在三叠纪的大部分时间里，恐龙并不是很重要。

恐龙（和鸟类）属于主龙类。还有另一类主龙延续至今，那便是鳄类。如今，除了美国佛罗里达州或撒哈拉以南非洲等地区，这些动物在野外并不常见。但在三叠纪时期，这类爬行动物的近亲数量比恐龙多得多。

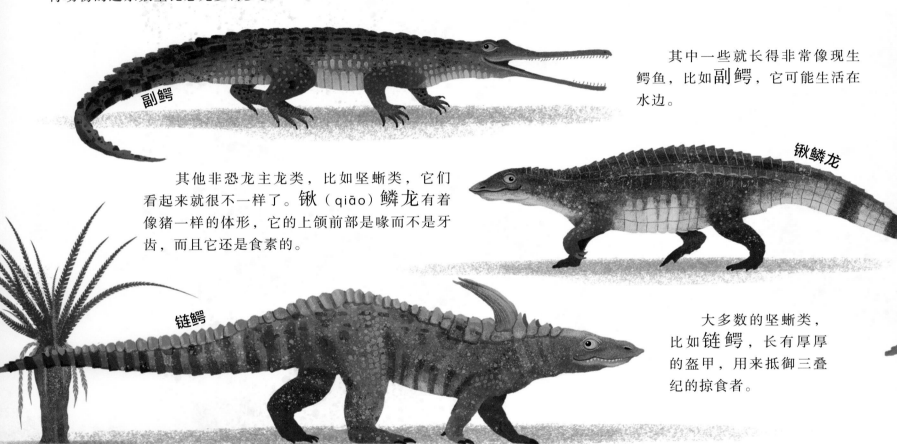

其中一些就长得非常像现生鳄鱼，比如**副鳄**，它可能生活在水边。

其他非恐龙主龙类，比如坚蜥类，它们看起来就很不一样了。**锹（qiāo）鳞龙**有着像猪一样的体形，它的上颌前部是喙而不是牙齿，而且它还是食素的。

大多数的坚蜥类，比如**链鳄**，长有厚厚的盔甲，用来抵御三叠纪的掠食者。

波波龙类是三叠纪时期另一类常见的非恐龙主龙类。有些非恐龙主龙类，像**波波龙**这种，其实看起来非常像恐龙……

而其他的非恐龙主龙类，比如**亚利桑那龙**和植食性的**芙蓉龙**，背上则长有帆状物！

14

劳氏鳄

三叠纪时期，最可怕的非恐龙主龙类，非劳氏鳄类莫属。劳氏鳄是一种巨大且敏捷的掠食者，它那又大又高的头骨上，不仅长满了肌肉，而且密布着牙齿。

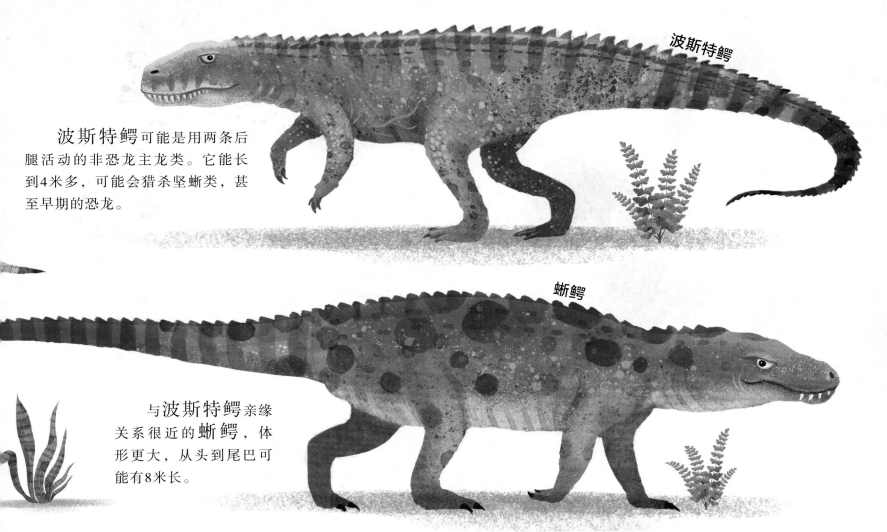

波斯特鳄

波斯特鳄可能是用两条后腿活动的非恐龙主龙类。它能长到4米多，可能会猎杀坚蜥类，甚至早期的恐龙。

蜥鳄

与波斯特鳄亲缘关系很近的蜥鳄，体形更大，从头到尾巴可能有8米长。

因为上述这些动物都早已占据了地球的各个角落，早期的恐龙很难再从中竞争得到自己的生存空间。在三叠纪前半期，恐龙一直生活在劳氏鳄类的阴影中。

在经历大约2.2亿年前和2.01亿年前的两次大灭绝之后，恐龙终于幸运地打开局面，得到了生存空间。而鳄鱼等其他主龙类，却无法在2.01亿年前的那次大灭绝中完全恢复过来。

随着时间的推移，可怕的波波龙类、饥饿的坚蜥类和恐怖的劳氏鳄类都慢慢消失了，恐龙才得以在地球上各个角落留下自己的足迹！

恐龙的学名都很难读

当你读**肿头龙**（*PACHYCEPHALOSAURUS*）、**嘉年华龙**（*JIANIANHUALONG*）
或**纳秀毕吐龙**（*NAASHOIBITOSAURUS*）的学名时，是不是感觉舌头都要打结了？
不要担心！并不是所有恐龙的学名都那么拗口。

安祖龙（ANZU）

安祖龙是一种体形很大、没有牙齿的恐龙，曾生活在今天的北美洲。**安祖龙**得名于亚洲古代神话中一种半狮半鸟的怪物。

敏迷龙（MINMI）

敏迷龙是一种长有盔甲的植食性恐龙，曾生活在今天的澳大利亚。它是以发现地附近的敏迷路口为名的。

约巴龙（JOBARIA）

约巴龙是一种来自非洲的蜥脚类恐龙，以尼日尔当地神话中的一种生物"约巴"为名。

舞龙（WULONG）

舞龙是小盗龙的近亲。**舞龙**的名字来自中文的"跳舞"，描述了化石骨架保存时像跳舞一样的优雅的姿势。

佛舞龙（SHANAG）

佛舞龙是一种体形小、速度快的猎手，以佛教节日中的一种舞蹈命名。

可汗龙（KHAAN）

可汗龙发现于蒙古，"可汗"的意思是"统治者"或"国王"。（这使得**可汗龙**听起来好像非常厉害，然而它实际上并不威武！）

奇翼龙（YI）

"YI"是科学家们给动物的最短命名之一。它的学名全称是"YI QI"（**奇翼龙**）。

萨诺斯龙（THANOS）

萨诺斯龙是一种巨大的肉食性恐龙，以漫画书中的一个反派——THANOS（灭霸）为名。可怜的萨诺斯龙！

祖鲁龙（ZUUL）

祖鲁龙是另一种以反派的名字命名的恐龙。这种长着大尾锤的甲龙类恐龙，还保存下来带着皮肤的化石！**祖鲁龙**是以20世纪80年代电影《捉鬼敢死队》中的一个角色来命名的！

通常，非常长的恐龙学名，是由中文、希腊语和拉丁语等语言中较小的单词组成的。一旦你掌握了恐龙学名中的这些部分，你就能快速地认出它们，并更容易地读出较长的学名。它们也可以作为线索，告诉你它们是属于哪种类型的恐龙：

TYRANNOS . . .
意思是"暴君"（残暴的国王或女王），如霸王龙（TYRANNOSAURUS）。

. . . LONG
意思是"龙"，如假鲨齿龙（SHAOCHILONG）。

. . . SAURUS
意思是"蜥蜴"（尽管恐龙不是蜥蜴！），如剑龙（STEGOSAURUS）。

. . . RAPTOR
意思是"小偷"或"强盗"，如迷惑盗龙（APATORAPTOR）。

. . . TITAN
意思是像泰坦巨人一样体形巨大，如长颈巨龙（GIRAFFATITAN）。

. . . ORNIS
意思是"鸟"，并且常用于表示"像鸟一样"，如丝鸟龙（SERIKORNIS）。

. . . PHYSIS
意思是"形态"，如腔骨龙（COELOPHYSIS）。

. . . DON
意思是"牙齿"，如棱齿龙（HYPSILOPHODON）。

EO . . .
意思是"黎明"，用于指最早的恐龙，如始暴龙（EOTYRANNUS）。

. . . MIMUS
意思是"模拟"或"相似"，如似鹅龙（ANSERIMIMUS）。

. . . CERATOPS
字面意思是"脸上长有角"，如弱角龙（BAGACERATOPS）。

. . . SUCHUS
意思是"鳄鱼"，常用来表示"像鳄鱼一样"，如印度鳄龙（INDOSUCHUS）。

. . . ONYX
意思是"爪子"，如龙爪龙（DRACONYX）。

恐龙只分为"臀部像蜥蜴的"和"臀部像鸟类的"

每个对恐龙稍有了解的人都知道，恐龙分为两大类……
区分它们的关键之处在于臀部骨骼结构。

大多数恐龙书都会这样告诉你：像**小梁龙**这样的蜥脚类恐龙和像**北山龙**这样的兽脚类恐龙都属于蜥臀目，因为它们的臀部骨骼结构与蜥蜴相似；而像**扇冠大天鹅龙**这样的鸟脚类恐龙和像**黎明角龙**这样的角龙类恐龙则都属于鸟臀目，因为它们的臀部骨骼结构与鸟类相似。

好吧，首先，鸟恐龙（或者说现生鸟类）是从蜥臀目恐龙演化而来的……所以鸟臀目，其实应该用来给"臀部像蜥蜴的"的蜥臀目命名！

但这里才是真正有趣的地方：2017年，一些古生物学家放弃了坚持了130年的传统科学认知，开始考虑也许这种分类恐龙的方法并不完全正确。

古生物学家们仔细观察了许多恐龙化石后认为，实际上兽脚类与鸟臀目的关系比兽脚类与蜥脚类的关系更为密切，所以应将兽脚类和鸟臀目一起归入"鸟腿龙类"（这是一个拗口的表达）。真颠覆啊！

但并不是所有的古生物学家都同意这个观点，只有时间能证明这个新的分类树是否正确。用科学的语言来说，这是一个有待检验的"新假说"，将来可能会被其他科学家证实或推翻……

生物学家（研究现生的动物和植物的专家）和古生物学家们，喜欢把动物分成一个个"小的"分类单元。虽然，其中的一些分类单元内部规模也非常大。

例如，"哺乳动物"就包括5000多种不同的动物。但它们又都是由更小的分类群组成的，比如"鼹科"属于"哺乳动物"，但只包括大约50种鼹鼠及其近亲。

欧洲鼹鼠

通过将动物按彼此的相似度分组，科学家们能够更好地了解动物王国中不同类型的生物间是如何相互关联的，以及它们是如何随着时间的推移而进行演化的。

生物学家对动物研究得越多，发现的惊喜就越多……例如，长期以来，人们认为金鼹鼠与欧洲鼹鼠和生活在北美的鼹鼠一样，都属于"鼹科"，但后来科学家发现，它们实际上属于"非洲兽总目"——与大象一样！这意味着金鼹鼠与大象的亲缘关系更近，而与你在赤道以北的花园中可能会看到的爱捣乱的黑毛鼹鼠关系较远。

有时候，我们很难在这些动物的身上找到能将它们彼此联系的部位，因为这些部位可能隐藏在动物体内深处或骨骼的微小细节中，就像一个隐藏的密码一样。对于已灭绝的动物来说，分类的难度更大，比如恐龙。

因此，即便现在我们已经知道某些动物在其分类树中与其他动物可能有亲缘关系，有时这种关系也可能会被推翻……嘿，没想到这些臀部结构分类法还总是变来变去。

恐龙的体形都很大

长颈巨龙、霸王龙、无畏龙……虽然你在博物馆里能看到的恐龙体形都很大，但实际上也有很多恐龙的体形非常小。

许多小型恐龙生活在恐龙时代的初期，不过也有些生活在白垩纪时期，如双足行走的鸟脚类恐龙——何耶龙。

但是，"小"到底有多小呢？

金凤鸟是一种速度快、有羽毛的兽脚类恐龙，与**细爪龙**有亲缘关系，可能是植食性的（至少我们知道它时常会吃种子）。

金凤鸟

加斯帕里尼龙

加斯帕里尼龙是一种与**禽龙**有亲缘关系的小型恐龙，体长1~2米，比禽龙小得多。

有着粗短"手臂"的阿瓦拉慈龙类恐龙，体形都非常小。发现于蒙古的**鸟面龙**和**小驰龙**，都是小巧而快速的兽脚类恐龙。

小驰龙

鸟面龙

恐龙真相

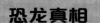

迄今为止发现的最小的恐龙足迹，仅有1厘米长！这种恐龙足迹发现于韩国，可能是由驰龙类恐龙留下的。

1厘米

有时，与其他物种存在地理隔离的动物，会发展为体形更小的演化分支，被称为"侏儒"物种。这种情况通常发生在岛屿上，那里的活动空间有限，虽然掠食者少了，但是食物也更少了。

看起来，有些恐龙也是侏儒物种。通过观察骨骼化石，计算其中的"生长环"数量，古生物学家可以判断恐龙是成年还是幼年。看上去这些小型恐龙已经完全发育成熟了。

梁龙

特提斯鸭嘴龙

特提斯鸭嘴龙发现于现今的意大利，属于鸭嘴龙类。**特提斯鸭嘴龙**只有驴那么大（但尾巴更长）。

马扎尔龙

欧罗巴龙

马扎尔龙和**欧罗巴龙**都是侏儒蜥脚类恐龙。**欧罗巴龙**可能生活在一个岛屿上，所以不需要长得很大来抵御掠食者。**马扎尔龙**只能长到大约6米长，这对于蜥脚类恐龙来说是非常小的。毕竟，**梁龙**有26米长。

虽然，我们现在知道不是所有的恐龙体形都很大，但我们对大型恐龙了解得更多是合情合理的。因为，化石就算只大上1厘米，都会更容易被发现啊！

恐龙的表皮是绿色、长着鳞片的

最早对恐龙进行描述时，那时的古生物学家认为，恐龙与蜥蜴等动物的亲缘关系最近。这使得他们相信，恐龙身上一定覆盖着类似蜥蜴身上的绿棕色鳞片。但随着恐龙生物学上的发现越来越多，这看起来不太可能是恐龙皮肤真实的样子……

有些恐龙是有"鳞片"的，比如黑斯廷龙。但是它的鳞片并不是像许多蜥蜴那样的重叠鳞片，而是更像北美洲吉拉毒蜥那样的不平整圆状鳞片，就像篮球表面一样……

恐龙的皮肤也不会坚硬如岩石，而是类似于鸡腿和鸡脚上那种柔软有弹性的皮肤。

天宇盗龙

古生物学家们现在知道，很多兽脚类恐龙都长有羽毛，比如**天宇盗龙**。这类恐龙的头部、"手臂"和尾巴上都覆盖着羽毛。

帝龙

一些恐龙，比如**帝龙**，有着非常简单的毛茸茸的"原始羽毛"，这可能用于保持舒适和温暖。

怪嘴龙

还有一些恐龙，像**怪嘴龙**，有着巨大的角质鳞，就像鳄鱼皮肤上的骨板，这可比普通鳞片重多了！

其他恐龙，如**尾羽龙**，有着更为复杂的羽毛，使它看起来像现生鸟类。甚至一些
大型的掠食者，如**羽王龙**，身上也覆盖着羽毛（但它看起来仍然很可怕）！

尾羽龙

羽王龙

事实上，很多恐龙都长有羽毛，不仅仅是前面提到的这些。
虽然**三角龙**没有长得毛茸茸的，但我们知道它的许多远亲，比
如**库林达奔龙**，实际上发育有很像简单羽毛的结构。

恐龙真的是绿色的吗？通过非常非常仔细地观察羽毛化石，古生物学家可以判断一些恐龙
真正的颜色！

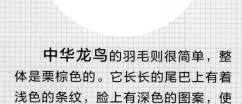

近鸟龙是一种翅膀上长有白
色条纹的小型恐龙。它头顶上那
个高高的头冠是深铁锈红色的。

彩虹龙有着非常特殊的虹彩羽毛，它
们看起来具体是什么颜色，取决于你观察它
们的角度。

中华龙鸟的羽毛则很简单，整
体是栗棕色的。它长长的尾巴上有着
浅色的条纹，脸上有深色的图案，使
它看起来像戴着一个面具。

现生鸟类可以分辨很多种颜色，包括一些人类看不到的颜色。它们用这些颜色来向
其他的鸟发出信号，如"离我远点儿"和"我们一起生个宝宝吧！"。

恐龙可能通过类似的方式看到颜色（包括一些人类看不到的紫外线），所以像**巨
盗龙**这样的生物，也可以用鲜艳的颜色来相互"交流"。

有些颜色有助于动物融入周围环境，被称为"保护色"。**鹦鹉嘴龙**的皮肤化石为
人们研究它的颜色提供了微观线索！**鹦鹉嘴龙**的身体外侧主要是棕色的，但腹部颜色
比较白，就像现生的松鼠或鹿的皮毛。这意味着，如果**鹦鹉嘴龙**生活在森林中，可以
很好地隐藏起来，很难被掠食者发现。

巨盗龙

因此，科学家们实际上并没有任何证据表明恐龙是绿油油的覆鳞动物。相反，我们现在知道，一些恐龙
实际上比科学家最初想象的更加色彩丰富，而且还是有羽毛的！

恐龙不是很聪明

判断动物有多聪明，最简单的方法之一是看它们的大脑占身体的比例。

禽龙

细爪龙

西峡龙

虽然动物死后大脑不会被保存下来，但包裹大脑的头骨却会变成化石！

早期的古生物学家们为了观察恐龙的颅腔（容纳大脑的地方）有多大，有的将恐龙头骨化石切成薄片（连续切片，可以复原颅腔形态），还有的将玻璃珠倒入颅腔中。颅腔越大，大脑就越大！

2016年，古生物学家发现了**禽龙**的一部分大脑化石，这有助于我们更好地理解恐龙大脑的形态与大小。

古生物学家曾经认为，恐龙的大脑就像现生爬行动物的大脑一样，并不会完全填满颅腔。但我们现在知道，恐龙的大脑更像鸟类的大脑，会填满整个颅腔。这意味着，恐龙的大脑比古生物学家之前认为的要大一些。

从身体和大脑的比例来看，大脑较大的恐龙通常是敏捷的掠食者，如**细爪龙**和**西峡龙**，它们的大脑尺寸与现生鸟类的相近。

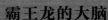

霸王龙的大脑

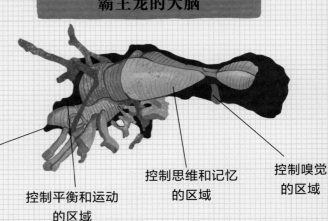

脑干连接身体，控制呼吸等功能

控制平衡和运动的区域

控制思维和记忆的区域

控制嗅觉的区域

虽然确定整个大脑的大小很重要，但是测量大脑不同部位的大小，也可以帮助生物学家了解哪种恐龙擅长做什么。

一些杂食性或植食性的恐龙，如类似鸵鸟的**似鸟身女妖龙**，嗅球非常小。这是大脑中感知气味的部位，意味着它只能吃植物中容易被发现的食物。

似鸟身女妖龙

鹫龙

但**鹫龙**的嗅球要大得多。嗅觉灵敏的动物的嗅球更大，比如掠食者，它们需要嗅出"猎物"所在的位置。

扎纳巴扎尔龙

后来出现的兽脚类恐龙，如**扎纳巴扎尔龙**，有着很大的大脑，因此很擅长解决问题。

尽管恐龙的大脑并不像哺乳动物的大脑那样复杂，但是拥有鸟类那样大小的大脑，仍然意味着恐龙会有一些惊人的行为能力。毕竟，现生鸟类可以成群结队地迁徙，横跨多个国家而不迷路，还能用复杂的歌声标记它们的领地，有些甚至可以用树枝制作简单的工具……

恐龙都会吼叫

恐龙真的会发出震耳欲聋的吼声吗？观察会吼叫的现生动物，可以给我们提供答案的线索。

在非洲大草原上，狮子的吼声在8千米外都能听到！狮子吼叫的秘密，在于它喉咙深处的特殊脂肪层和声带。吼声可以表示"你好""你在哪里"，或者"退后"。

狮子

植食性动物也会发出吼叫声，比如雄性马鹿会在碰撞鹿角之前，用吼叫声向其他雄性炫耀自己的体形有多大！

马鹿

红吼猴用喉咙里的一块特殊骨头发出低沉而响亮的吼声，吼声在中美洲和南美洲的丛林中回荡，几乎在4千米外都能听到。

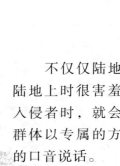

红吼猴

港海豹

不仅仅陆地动物会吼叫。港海豹在陆地上时很害羞，但在水下，当它想警告入侵者时，就会发出吼叫声。不同的海豹群体以专属的方式吼叫，就像人们用不同的口音说话。

这些会吼叫的动物都是哺乳动物，那现生的爬行动物和鸟类呢？

鳄类可能看起来很吓人，但它们并不能真正地发出吼叫声。它们能发出的最大的声音，是一种响亮的、深沉的隆隆声，可以让水在它们满是鳞片的背上震荡。

鳄鱼

科莫多巨蜥

生存至今的恐龙——鸟类，以它们的啾鸣声和破晓合唱而闻名。来自南美洲的**白钟伞鸟**是世界上最吵闹的鸟，它发出的"砰"声比摩托车的声音还响亮。但这并不是吼叫声！

白钟伞鸟

世界上最大的蜥蜴是来自印度尼西亚的**科莫多巨蜥**。虽然它们会捕食像水牛和猪一样大的猎物，但是它们长满利齿的嘴里也只会发出威胁的嘶嘶声。

遗憾的是，恐龙的喉部没有留下化石……如果有，我们就能确定它们发出的是什么声音了。但因为爬行动物和鸟类都与恐龙有亲缘关系，这意味着恐龙的声音可能和它们很相似。

副栉龙

所以，很可能**霸王龙**和**异特龙**实际上并不会发出吼叫声……但是一些鸭嘴龙类恐龙，如**副栉**（zhì）**龙**，也许会吹响它那奇怪的头冠，这可能使它发出的声音像喇叭一样：嘟——嘟！

恐龙本性凶狠

错误！

我们可能在书中看到过长相可怕的**霸王龙**图片，或者在博物馆中看到过脾气暴躁的**剑龙**模型，因此很难想象它们也会有温柔的一面。但是，有很多化石线索告诉我们，许多恐龙在面对它们的宝宝时都有体贴的一面。

今天，许多现生恐龙以及它们的鳄类近亲都会照顾宝宝，为宝宝猎取食物，搭建舒适的巢来保护它们。

寐龙

幼鸟和鳄鱼宝宝刚从蛋中孵化出来时，还无法自己照顾自己，所以需要父母的照顾与保护。

一些像寐（mèi）龙这样的已经灭绝的恐龙物种，刚从蛋中孵化出来时，它们的模样和行为方式可能都很相似，都需要父母帮助它们更好地生存。

古生物学家们通过研究恐龙的足迹发现，恐龙群会带着幼龙们一起迁徙，并且会保护幼龙不受掠食者的侵害，就像现生大象这样的大型动物一样。

慈母龙

慈母龙是一种大型的鸭嘴龙类恐龙，雌慈母龙会聚在一起筑起土堆巢穴，来安置它们的蛋和幼龙。甚至有化石表明，它们会年复一年地回到同一个地方去繁衍后代。

像**天宇盗龙**和**丝鸟龙**这样的恐龙，虽然长有羽毛，但是不会飞行。也许它们像**葬火龙**一样，用羽毛覆盖住蛋来保持合适的孵化温度。

天宇盗龙

如同冻结在时间中一般的**葬火龙**化石，向我们展示了恐龙坐在很多蛋上的姿态，就像鸟类在孵蛋时坐在蛋上一样。虽然**葬火龙**那细长的"手臂"不能很好地保护恐龙蛋，但是它们上面长出的羽毛却可以覆盖住蛋。

古生物学家现在认为，这块化石中的**葬火龙**（绰号"祖母"）是雄性。实际上，它照看的是许多只雌性**葬火龙**产下的许多枚蛋，而不仅仅是一枚。

葬火龙

恐龙真相

2020年，古生物学家有一个惊人的发现：大多数恐龙蛋都是软的，只有后来的恐龙才演化出硬壳的、类似鸟蛋的蛋。因为很少软壳蛋能够变成化石，所以古生物学家并没能发现非常多的恐龙蛋。但这个观点目前还有很大的争议。

虽然，许多恐龙可能会用泥土掩埋恐龙蛋，让孵出来的小恐龙自生自灭。但是，上述这些惊人的化石表明，至少有些恐龙物种会照顾和抚育它们的宝宝。毕竟，恐龙并不是那么凶狠！

长脖子恐龙看起来都一样

我们都知道蜥脚类恐龙长什么样，对吗？它们有着长长的脖子、长长的尾巴和大大的脚，就像**梁龙**一样。

错误！

我们发现的早期的蜥脚类恐龙，比如三叠纪的**伊森龙**和侏罗纪的**哥打龙**，已经能用四只宽大的脚走路，并有着长长的脖子和左摇右摆的尾巴，因此我们很容易就能识别它们。但是，蜥脚类恐龙也有着很多不同的种类，其中有些种类真的长得很奇怪。

短颈潘龙

短颈潘龙的脖子很短，不能向上或向下伸得太远。

身为一只矮矮胖胖的植食性恐龙，可能是一件非常可怕的事！你站在那里大吃特吃植物时，可能就已经成为掠食者的猎食对象了。但有些蜥脚类恐龙，比如**蜀龙**，身体上长有可以保护自己的结构，它的尾巴末端有一个尖刺覆盖着的尾锤。接招吧，兽脚类恐龙！

蜀龙

萨尔塔龙能活得更安心，它身体的大部分都覆盖着盔甲，以抵御掠食者的攻击。

巴哈达龙

有一些蜥脚类恐龙有着骇人的颈部尖刺。**巴哈达龙**虽然本身只有大象那么高，但是它的颈部棘（jí）刺会使它看起来比大象要高大得多！

我们现在知道这些恐龙看起来和梁龙完全不同，但我们又是怎么知道梁龙是长什么样子的呢？

恐龙真相

这些巨大的蜥脚类恐龙，都是由三叠纪时期的小型的农神龙等恐龙演化而来的。

农神龙

最近发现的化石让一些古生物学家认为，梁龙长有角质喙（huì），有助于它咬下树枝上的小叶子。

一些新发现的化石让另外一些古生物学家认为，梁龙可能长有骨质的眼睑（jiǎn），可以保护眼睛免受阳光的伤害。

直到最近我们才发现，梁龙的背上长有一排18厘米长的又硬又细的尖刺。

萨尔塔龙

梁龙尾巴的前段笔直，但末端非常细，会像鞭子一样软软地垂着。这可能是一种可以用来对付掠食者的相当厉害的防御武器。

直到约6600万年前，蜥脚类恐龙和其他非鸟恐龙一起灭绝前，它们都还在向着千奇百怪的形态继续演化着。在灭绝之前，当今南美地区的一些蜥脚类恐龙物种，已经演化成地球上有史以来最大的陆生动物。陆地上再也没有出现体形这么大的生物！

霸王龙是最大的掠食者

说实话……霸王龙的体形的确非常巨大。

迄今为止发现的最大的霸王龙骨架，被取名为"斯科蒂"和"苏"，分别保存在加拿大和美国的博物馆中。

"苏"的体形巨大，光臀部就超过4米高！"斯科蒂"则长得更结实一些，虽然它死时只有30岁，但它的体重可能已经达到8吨。这要比3头白犀牛还重，也比100个平均身材的成年人更重！

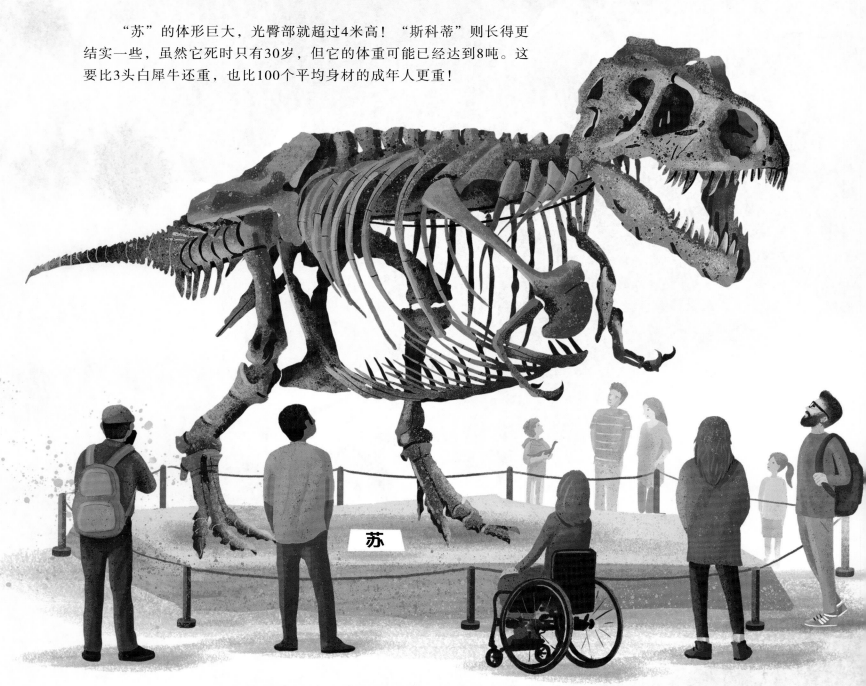

苏

但霸王龙真的已经是最大的肉食性恐龙了吗？古生物学家现在认为，还有一些恐龙可以被冠以"最大的掠食者"称号。像阿尔及利亚的鲨齿龙、阿根廷的南方巨兽龙和魁（kuí）纣（zhòu）龙等，它们虽然看起来长得和霸王龙的近亲——异特龙很相似，但它们的体形要大很多！

这也取决于"大"是如何衡量的。体形巨大的**棘龙**，保持着最长兽脚类恐龙的世界纪录，从吻部到尾巴尖超过15米长，比霸王龙"苏"都要长3米！

棘龙生活在水源附近，和它的近亲暹（xiān）罗龙一样，能用双颌快速咬住鱼。

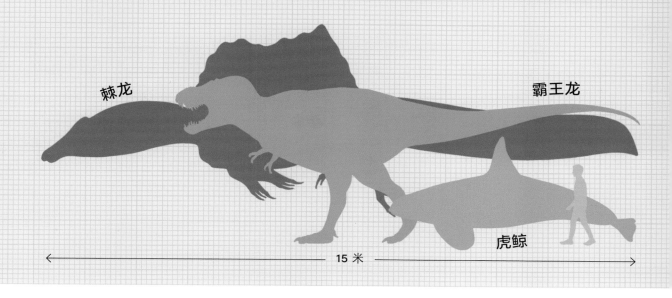

棘龙

霸王龙

虎鲸

15 米

准确地计算出恐龙的体形，是一件非常困难的事。确定恐龙有多长似乎很容易，但实际上我们很少发现恐龙的完整骨架。所以，科学家们需要先考虑丢失了多少骨骼，再考虑如何把已发现的部分组装在一起。

恐龙的体重更是难以计算！一些古生物学家曾尝试过，他们先重建出恐龙的模型，把它们放在水中，通过测量它们排开多少水来计算恐龙的体重。就像你洗澡时坐进浴缸里，水会上升一样。

如今，科学家们可以在计算机上"复原"恐龙，包括它们的内脏和其他软组织，并估测这些部分加起来可能有多重。

重要的是要记住，每一只恐龙就像现生的所有动物一样，都是独一无二的。某只**圆顶龙**可能比同伴大一些，或者更瘦一些。某只**篮尾龙**可能矮一些，也可能有着更长的腿……

虽然**霸王龙**体形非常巨大，但在"最大的掠食者"的头衔竞争中，它确实有一些不容小觑的对手。想要确定谁才是真正的最大掠食者，是一项相当有挑战性的工作！

霸王龙跑得比你快

曾经，科学家们认为**霸王龙**跑得比奥运会短跑运动员还快，这意味着这个至少6吨重的恐龙"大明星"是一个无法阻挡的"狩猎机器"。但是**霸王龙**真的能跑得那么快吗？我们怎样才能知道它的速度呢？

从英国的斯凯岛到澳大利亚的昆士兰，世界各地都发现了恐龙足迹，它们可以告诉我们很多关于恐龙如何运动的信息。

通过测量足迹之间的"步幅"，并了解留下足迹的恐龙体形有多大，古生物学家就可以估测这种恐龙的运动速度。

足迹之间的距离越远、行迹越窄，恐龙的速度就越快！但恐龙在能够形成良好足迹化石的沙地等地面上奔跑和行走，本身就挺困难的，所以没有太多的恐龙足迹或行迹可供研究。

因为地面的柔软程度不同，足迹在硬化之前可能会发生形变，这会给古生物学家推断恐龙体形时平添许多的烦恼。

计算动物运动速度的最好方法是看它们的肌肉量，但不幸的是，恐龙的肌肉并不会变成化石。

取而代之的是，古生物学家对现生的动物进行研究，然后复原恐龙身上的肌肉形态，并预测它们能够多有力地向后拉动腿部的骨头。

那么，霸王龙真的能跑得很快吗？确实，霸王龙的腿很长，它可以将腿向前和向后伸得很远。而且，通过研究霸王龙尾巴基部肌肉附着的位置，并将其与现生鸟类和爬行动物的肌肉进行比较，古生物学家现在可以确定霸王龙能够长时间运动。

但是，拖着如此大的身躯进行奔跑或者快走，那就非常危险了。因此，霸王龙不可能运动得太快，否则会有腿脚骨折的风险！

这些研究得出霸王龙只能以大约每小时20千米的速度移动。你或许也能以这个速度奔跑！但奔跑并不是运动好手所要追求的全部。最近，通过研究博物馆里霸王龙的骨骼，古生物学家发现它在快速转身和转向方面的能力非常惊人，这也帮助霸王龙成为极其敏捷的猎手！

霸王龙的嘴里长满了锋利的牙齿，双颌能咬断骨头，身体还有像芭蕾舞演员一样的旋转技巧。虽然霸王龙可能不是速度最快的恐龙，但是它仍是一个可怕的掠食者，值得敬而远之。

恐龙是冷血动物

冷血动物需要经过太阳的温暖后，才能开始活动。几乎所有现生蛇类和蜥蜴都是冷血动物。这就是为什么你会看到它们在岩石上晒太阳取暖了。

哺乳动物和鸟类这样的温血动物，可以即时从体内获取热能，不用先热身。多年来，人们一直认为恐龙是冷血动物，但新的化石又告诉了我们什么呢？

错误！

鹦鹉嘴龙

如果恐龙像新的化石所显示的那样，身披能够隔热的羽毛和绒毛，就意味着它们能够将身体产生的热量保存在体内。现生的温血动物正是出于这个原因而极度依赖它们的皮毛和羽毛。

作为温血动物，它们可以在很长一段时间内保持忙碌状态，但同时需要能够迅速将血液输送到身体的各个部位来为各种活动供能。这正是恐龙化石向我们展示的，恐龙可以在非常高的压力下，将血液从心脏供向身体各处！

温血动物比冷血动物生长得更快。通过观察骨骼的生长环（就像树干里的年轮），古生物学家发现恐龙确实生长得非常快，为此它们消耗了大量的能量！

恐龙骨骼内部

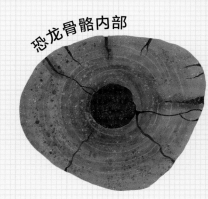

冷血动物需要依靠周围的温度来取暖，所以地球上的寒冷地区很少出现它们的身影。但是我们知道，**白熊龙**在相当于现今阿拉斯加的寒冷地区生活和狩猎，还有鸭嘴龙类中的**埃德蒙顿龙**也是高纬度地区的恐龙。

白熊龙

虽然那时的北极并不像现在这么寒冷，但是在白垩纪时期，极地仍然会比地球上的其他地方冷得多，所以成为温血动物将是一个很重要的生存法宝！

在地球的另一端，小型的极地恐龙**雷利诺龙**生活在南极圈内。它需要在南极度过冬天漫长的极夜，那段时间没有任何机会暴露在阳光下进行取暖，所以**雷利诺龙**一定得是温血的才能保暖！

这些生活在寒冷地区的恐龙，其化石上保存有羽毛和快速生长的证据。这让许多古生物学家认为即便不是所有，也至少有很多恐龙是温血的，这意味着它们不需要晒太阳取暖啦！

雷利诺龙

恐龙只能生活在陆地上

错误！

好吧，聪明的孩子。有很多史前生物，有时会被不太专业的人误认为是恐龙。你可能已经知道翼龙（用蝙蝠般的翼膜在天空中飞行的爬行动物）和蛇颈龙（在海洋中游泳的长颈猎手）实际上并不是恐龙。

但是，全新的化石显示，一些恐龙在选择栖息地时是很挑剔的，而且不是所有的恐龙都生活在陆地上。

尽管哈兹卡盗龙有着强壮的大腿，可以用于奔跑，但它还是把大部分的时间都花在了水里，就像现生的鸭子一样。哈兹卡盗龙如天鹅般的脖子的末端，有一个勺状的吻部，里面长满了锋利的牙齿，可以帮助它抓住湿滑的猎物。

如果你需要沿着河岸踏过湿漉漉的泥巴，那么长而舒展的脚趾会有助于更好地承重，就像现生水禽中的反嘴鹬和黑水鸡一样。安祖龙的脚就长这样！

哈兹卡盗龙

安祖龙

有些恐龙则喜欢生活在地下。掘奔龙是一种小型的植食性恐龙，生活在大约2米长的舒适洞穴里，并在洞穴里照顾它们的孩子。

掘奔龙

生活在树上是躲避掠食者和寻找新型美味食物的好办法。今天，包括科莫多巨蜥宝宝、某些类型的山羊在内的很多动物，其生命中的一部分时间是在树上度过的。

奇翼龙和**浑元龙**的长指间的肉膜就像翅膀一样，这使得它们看起来有点儿像现生的蝙蝠。这些恐龙可能会穿梭于树林间，猎取昆虫和小型爬行动物。

如果你要在树上度过很长时间，长长的"手指"会是很好的工具。**擅攀鸟龙**有一双巨大的"手"，古生物学家现在认为它们的作用是抓紧树枝。

擅攀鸟龙

浑元龙

像**耀龙**这样的恐龙，在出生时就有着长长的"手臂"。它们也有长而弯曲的爪子，用来抓紧树枝。**耀龙**还可能用结实的尾巴来帮助自己保持平衡，就像现生的啄木鸟一样。

小盗龙

耀龙

小盗龙可能无法完成拍打翅膀的动作，这是因为它有四个翅膀，而不是两个。**小盗龙**在捕食早期鸟类的时候，或许可以在树与树之间进行滑翔！

恐龙真相

2020年，古生物学家发现的一具新的**棘龙**骨架显示，**棘龙**有一条长长的尾巴，看起来像鳄鱼的尾巴一样，可以用来帮助游泳。这是一项全新的科学发现，表明**棘龙**可能一生中的大部分时间都生活在水中！

恐龙宝宝长得像爸爸妈妈

很多动物（如人类）在幼年时就与父母非常相似，只是个头会小一些。但是，有些动物只有在长大后才会变得像它们的父母。通过对罕见的特殊化石进行研究，古生物学家现在知道一些幼龙看起来与它们的父母非常不同。

棒爪龙

大多数动物幼崽都长有一双大眼睛，这使得它们在人类眼中非常可爱。我们只能通过一件很小的幼龙化石去了解**棒爪龙**，但它那双大眼睛实在太可爱了！

似鸟龙

有些恐龙，如**似鸟龙**，幼年时全身覆盖着蓬松的绒毛，长大后才长出大片羽毛。

开角龙

有颈盾或脊冠的恐龙，像**开角龙**和**原栉龙**，它们的幼龙化石显示这些部位在其小时候并不怎么发育，幼年时只有小小的突起。

原栉龙

鼠龙

对恐龙来说，长大有时意味着改变行走方式。随着成长，三叠纪的**鼠龙**从四足行走变成了双足行走。但是，白垩纪的**慈母龙**却是反过来的，幼年时期双足行走，长大后却变成四足行走。

虽然霸王龙最终会长成"手臂"细小、体形巨大的掠食者，但作为一只未成年的霸王龙，它的前肢占身体的比例更大，也有着蓬松的毛发。与成年霸王龙相比，未成年霸王龙的牙齿更小，所以它们会捕食不同类型的更小的猎物。

今天，一些古生物学家认为，一些恐龙可能并不像最初被认为的那样，属于不同的物种，而是同一物种处于年轻或年长的不同阶段。

🐚 **龙王龙、冥河龙和肿头龙**可能都属于同一物种。随着成长，它们的角越来越小，头上的圆顶越来越厚。

🐚 **双角龙和牛角龙**都是体形巨大的角龙类恐龙，它们可能都是**三角龙**年长时候的样子。

🐚 20世纪80年代发现的**矮暴龙**是一种体形瘦小的兽脚类恐龙。最初，古生物学家认为**矮暴龙**是一个新的物种，但现在科学家们认为它实际上是一只未成年的**霸王龙**！

只有发现更多的化石，并仔细研究这些来自过去的化石到底在讲什么故事，我们才能更多地了解恐龙是如何成长的，以及它们与父母究竟有多么不同！

恐龙像鳄鱼一样咬合双颌

咀嚼听起来可能不是什么神奇的能力，但它实际上是动物中出现的一种"超能力"。

发育有颌部的动物，或多或少地能上下移动颌部。这个动作让它们能够咬住猎物，或者是用牙齿夹住植物，又或者是梳理自己。

长颈鹿、人类、老鼠和负鼠等哺乳动物的祖先，在三叠纪才首次进行演化，为世界带来了一项惊人的新技能。

这些哺乳动物有着特殊的头骨结构，可以让它们的颌部向不同方向进行移动，把下颌从一侧移到另外一侧。你现在就可以试一下！从老鼠到猛犸象，从鬣（liè）狗到刺猬，几乎所有的哺乳动物都能完成咀嚼动作。

鹰鼻龙

长颈鹿

泥潭龙

但是，恐龙只能上下移动它们的颌部。当然，有些恐龙，如鹰鼻龙，长着看起来非常惊人的铲状嘴巴，用来舀取水生植物；有些恐龙，如泥潭龙，随着年龄的增长慢慢地发育出了喙。但没有恐龙能够像你一样，通过左右移动牙齿来碾碎食物。

至少，古生物学家曾经是这么认为的……

古生物学家在仔细观察恐龙的牙齿后，发现了食物在牙齿上留下的划痕。不同种类的食物会留下不同类型的划痕，同时这些划痕的方向说明了牙齿间是如何进行相互摩擦的！

埃德蒙顿龙

下颌把上颌往两侧推的同时，脸颊也向外撑开了！

令古生物学家感到惊讶的是，他们发现**埃德蒙顿龙**牙齿上的痕迹显示出左右往复的运动。对**埃德蒙顿龙**来说，它能吃下所有类型的史前植物！

埃德蒙顿龙的头骨里长有成百上千颗牙齿，这种被称为"白垩纪的牛"的恐龙向下咬的时候，由于颌部的铰链关节结构，下颌会推动上颌将两侧的脸颊向外撑开，以便双颌咬合。

因此，与哺乳动物完全不同的是，恐龙演化出了其特有的咀嚼方式，能够将食物分解，更利于消化。

兽脚类恐龙只吃肉

像霸王龙、异特龙或达科他盗龙这样的兽脚类恐龙，都是可怕的掠食者！它们都是食肉猎手，长有足以切开猎物肉体的锋利牙齿。

但是在白垩纪时期，有一类兽脚类恐龙——镰刀龙类恐龙，过着一种完全不同的生活。

最初发现镰刀龙类恐龙时，它们怪异的身体让古生物学家们感到困惑，但现在我们对它们的形态有了更好的了解。

内蒙古龙的牙齿与那些肉食性兽脚类恐龙的非常不同。它下颌的牙齿有着锯齿状的边缘，非常适合咬食植物。

阿拉善龙是这类恐龙中的原始家族成员。像其他镰刀龙类恐龙一样，阿拉善龙有着胖胖的臀部，可以支撑起它那大大的肚子。阿拉善龙的大肚子里还有一个很大的胃，可以用来消化它最喜欢的植物。

北票龙是最小的镰刀龙类恐龙之一。北票龙可能也吃植物，也像许多其他兽脚类恐龙一样，身上覆盖有蓬松的绒毛。

镰刀龙是有史以来最大的兽脚类恐龙之一。它那巨大的爪子可以用来抓取树叶，数千万年后，巨型地懒也演化出了类似的生活和进食方式。

虽然人们最初认为镰刀龙类都是怪异的恐龙，但是慢慢地，古生物学家将这些奇怪的动物拼凑成形，于是出现了一种植食性的、大肚子的、长臂的、毛茸茸的巨兽。

当动物只吃某种特定类型的食物时，它们的嘴、牙齿和身体其他部位的形态可以反映它们的进食习惯。许多兽脚类恐龙"专门"吃不同种类的食物，而不仅仅捕食某种恐龙……

亚伯达爪龙

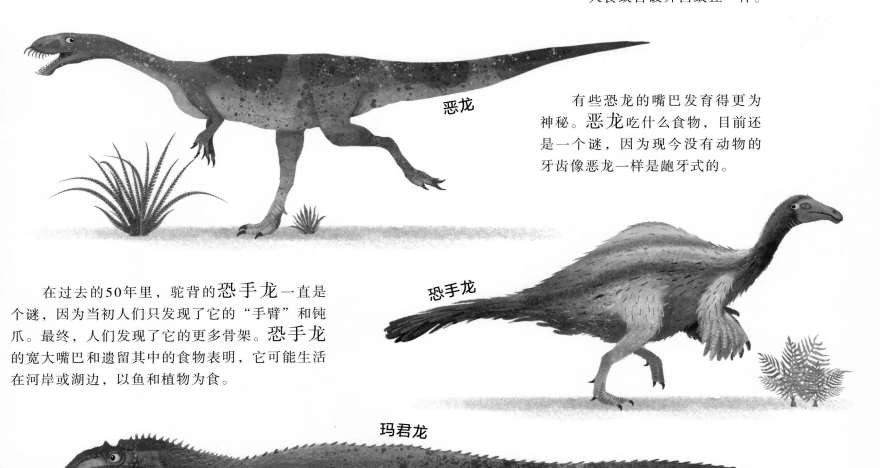

虽然**亚伯达爪龙**的"手臂"非常非常短，但是十分强壮。这种小型的兽脚类恐龙可能会用爪子撕开腐烂的木头，获取里面美味的昆虫。就像现生的大食蚁兽破开白蚁丘一样。

恶龙

有些恐龙的嘴巴发育得更为神秘。**恶龙**吃什么食物，目前还是一个谜，因为现今没有动物的牙齿像恶龙一样是龅牙式的。

在过去的50年里，驼背的**恐手龙**一直是个谜，因为当初人们只发现了它的"手臂"和钝爪。最终，人们发现了它的更多骨架。**恐手龙**的宽大嘴巴和遗留其中的食物表明，它可能生活在河岸或湖边，以鱼和植物为食。

恐手龙

玛君龙

玛君龙曾生活在马达加斯加岛上，人们在它们的一些骨骼化石上发现有其他**玛君龙**的咬痕。它们会以已经死亡的同类为食吗？还是说这种恐龙有时会同类相食？

现在我们知道，并不是所有的兽脚类恐龙都吃肉，而且有些看起来长得非常奇怪！我们需要发掘更多的化石，以发现更多我们还不太了解的恐龙，如**玛君龙**和**恶龙**。古生物学家花了很长时间才弄清楚**恐手龙**"手臂"的准确位置，所以有时候耐心是会有回报的！

盗龙会砍劈它们的猎物

让我们从右脚或爪子开始研究吧！"猛禽"（raptor）常用于指一些现生鸟类。

会捕食其他动物的鸟类，包括雪鸮、角雕和海东青，从19世纪初就开始被人们称为"猛禽"。直到20世纪后期，人们才开始命名驰龙类恐龙为"盗龙"，将"raptor"用在它们长长的学名的结尾部分，如**伶盗龙**（*VELOCIRAPTOR*）。

这些恐龙最著名的部位是它们可怕的脚趾。

大多数人认为只有像**伶盗龙**这样的驰龙类恐龙，才会用脚趾抬起的运动方式追逐猎物，以保护它那长长的镰刀状爪子。但是早期的许多近鸟类（包括鸟类和它们的恐龙祖先）也有这种典型的脚趾。

伶盗龙

西峡龙　　　　西鸟形龙

因此，**西峡龙**和长腿的**西鸟形龙**，以及像**鹫龙**和巨大的**犹他盗龙**这样的驰龙类恐龙，也有着巨大的镰刀状爪子。

但是，它们真的用这些"武器"砍劈猎物吗？

鹫龙

犹他盗龙

恐龙真相

所有的恐龙都是用脚趾而不是脚掌走路。与恐龙不同，人类是用整个脚掌着地行走的。

解决这个问题的最好方法是看看现生恐龙（即鸟类），因为很多现生猛禽的脚上仍然保留有镰刀状的爪子。

这些动物都不会用爪子来砍劈猎物。相反，它们会用爪子抓紧猎物，通常是把猎物钉在地上，然后站在猎物之上！

一些古生物学家甚至建立了驰龙类恐龙脚部的复原模型，并做了实验，以观察它们是否擅长切割。结果发现，驰龙类恐龙的爪子一点儿都不擅长切割！

还有许多其他类型的奇怪的恐龙脚掌：

角雕

巴拉乌尔龙

巴拉乌尔龙是最奇怪的拥有镰刀状爪子的恐龙之一……它的每只脚上都长有两个镰刀状的爪子！

能够快速移动的动物通常都有着非常轻巧的四肢，并随着时间的推移演化出结构更简单的双脚。最近发现的**西向龙**就像今天的马一样，每只脚仅用一个功能趾在沙漠里奔跑。

西向龙

尖角龙

有些恐龙，如**尖角龙**，用已经演化成蹄状的脚走路！巨大的蜥脚类恐龙仍然用脚趾走路，但每只脚后半部分都由一个多肉的大脂肪垫支撑着，就像现生的大象一样（是的，大象也用脚趾走路）！

虽然这些长着镰刀状爪子的恐龙可能不会直接用爪子来砍劈猎物，但对于其他的活动，这些镰刀状爪子可能是非常有用的工具。请记住，仅仅从身体的一个部分来推断动物行为是很困难的。重要的是，当你只有一点儿信息时，要提醒自己不要去过分地推测！

恐龙可以被复活

错误！

几乎每个人都想养一只**原角龙**当宠物，或者骑着**圆顶龙**去学校，不是吗？
但是，到底有没有方法能让已经灭绝的非鸟恐龙复活呢？

原角龙

圆顶龙

一些科学家复活已经灭绝的生物的方式，是将它们的一些DNA放入亲缘关系相近的现生动物的蛋中。

DNA是一种存在于所有生物中的化学物质，它包含了如何构建特定动物、植物或其他生物的指令。通过将这些指令放入另一种相似动物的蛋中，也许就有可能实现骑着**神威龙**去上数学课的梦想了……

不幸的是，DNA最长只能保存100万年，而且有效片段极少，所以我们不太可能发现至少6600万年前的恐龙DNA。

因此，我们可能无法获取恐龙的DNA，但是否有另一种方法，让我们可以尝试"制造"恐龙？

科学家们已经发现，通过在不同的时间打开和关闭某些DNA片段，鸡可以长出带牙齿的吻部，而不是角质喙！一些科学家认为，通过巧妙地改变鸟类雏鸟的发育方式，就有可能使它们长得像恐龙祖先那样。

DNA是一种长长的螺旋状结构，也被称为双螺旋结构。

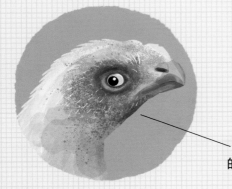

但是，对一只鸡来说，改头换面真的是一件好事吗？也许它发现用一张又短又粗的脸进食很不容易，而且会呼吸困难。像这样关于"伦理"和动物安全与健康的问题，是任何实验之前都必须认真考虑的。

一只经过恐龙改造工程
的鸡，可能长什么样子？

在极其罕见的情况下，我们仍然可以发现恐龙的其他古老化学物质的微量痕迹。事实上，就在几年前，一组科学家发现了恐龙的血液印迹！基于完全不同的预期，他们把一些恐龙骨骼放在高倍显微镜下，然后意外地发现了恐龙的血液印迹！

一些古生物学家认为，他们在恐龙骨骼中也发现了其他化学物质，比如生活在约1.95亿年前的蜥脚类恐龙——禄丰龙，它的身上保存有少量的胶原蛋白（有助于构建肌肉和身体其他部分的化学物质）！这可能比人们已知的所有微型软组织存在的时间都要长。

禄丰龙

因此，尽管科学家们不能带回一只完整的恐龙，但我们仍然可以通过化石中的古老化学物质来发现它们更多的秘密……也许还能造出一只至少看起来像恐龙的鸡！

我们一直都知道恐龙长什么样子

古生物学家几百年来一直在发掘化石，但这并不意味着他们一直知道这些骨头的组装方式。只有发现的化石越来越多，科学家才能确定他们的复原方式是正确的！

当发现第一批蜥脚类恐龙时，一些生物学家试图想象：这些巨大的动物是如何行走的？它们的腿是如何支撑如此沉重的身体进行移动的？但生物学家花了太长时间来观察现生的蜥蜴，他们发现现生爬行动物以"四肢展开"的方式行走，也就是说，它们在行走时腿向身体两侧伸出。1910年，德国动物学家古斯塔夫·托尼尔在插图中就是这样描绘的。

随着越来越多的恐龙被发现，古生物学家开始意识到恐龙走路时腿是伸直的，而且蜥脚类恐龙并没有在地面上拖着肚子行走！

最初，**禽龙**被想象成是一种类似犀牛的动物，在它的鼻子末端有一个角（后来才发现这是一个拇指爪）。只有在发现更多的化石之后，才能更准确地重现这些恐龙。许多博物馆当时展示的"袋鼠"姿势的恐龙骨架，后来也被证明是错误的！

曾经，一些想法非常有创造性的人，甚至认为剑龙用它的骨板作为翅膀，在空中滑翔！但这从未真的发生过……

在20世纪，一些古生物学家和古生物艺术家认为，像腕龙这样超高个头的蜥脚类恐龙不可能支撑得起巨大的身体重量，所以它们必须在水中漂浮生活。不过，现代古生物学家确信这是不正确的，腕龙和它的近亲实际上生活在陆地上。

人们很容易嘲笑古生物学家和他们很久以前的观点，但是今天的古生物学家仍然会犯错误。在20世纪末，科学家们为发现有羽毛的恐龙而兴奋不已，向全世界宣布他们命名了一只名为"古盗鸟"的恐龙——但后来发现这件化石是假的。实际上，"古盗鸟"化石是把恐龙和古鸟等三只动物的骨骼拼接在一起的产物！

今天，如果你拿起一些关于恐龙的旧书，你很可能在插图中找到一些这样的错误。谁又能知道呢？或许将来有一天，你可能在这本书中也发现一些错误，因为对于恐龙的研究一直没有停止……

我们已经发现了所有的恐龙

我们已经发现了所有的恐龙？差远了！现在，人们发现新恐龙的速度比以往任何时候都快。对于古生物学家来说，从来没有比现在更激动人心的时候了！

几千年以来，人们总会偶尔发现恐龙的化石。中国历史上关于龙的神话，可能也与恐龙的发现有关。

人们在欧洲发现和描述了第一批恐龙——**巨齿龙**和**禽龙**。它们是在英国被发现的。

约2000年前

约1824年

爱德华·德林克·科普和奥思尼尔·查尔斯·马什之间展开了一场"化石大战"，他们在竞争世界上最好的古生物学家的头衔。**三角龙、梁龙、剑龙**和**腔骨龙**，都是由他们的化石猎人团队发现的。

始祖鸟化石发现于德国。

"恐龙"由理查德·欧文爵士命名，他是一位生物学家，后来又帮助建立了伦敦自然历史博物馆。

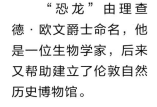

1858—1897年

1861年

1842年

发现于非洲并轰动一时的第一件**棘龙**化石被描述命名，但后来毁于第二次世界大战中。

古生物学家在戈壁滩发现了**伶盗龙**，并发现了第一批恐龙蛋化石。

发现于蒙古的巨大的、肉食性的**特暴龙**被命名。

1915年

1923年

1955年

霸王龙的表亲**死掠龙**，学名意为"死神"，2010年发现于加拿大阿尔伯塔省，但直到10年后它才被命名。

人们在阿根廷发现了有史以来最大的恐龙之一——**巴塔哥巨龙**。

第一只有羽毛的非鸟恐龙——**中华龙鸟**被发现。

今天　　**2020年**

2008年

1996年

我们所知道的恐龙的数量一直在增长！

太古角龙

自2000年以来，人们已经发现了50多种新的角龙类恐龙！

巴西巨龙

在过去的10年里，有40多种有着巨大长腿的巨龙类恐龙——有史以来最大的恐龙，都发现于南美洲。

莱阳龙

自20世纪90年代初以来，已经有100多种新恐龙在中国被发现！

事实上，在我们所知道的所有不同类型的恐龙中，有一半是在过去10年里才被发现的……

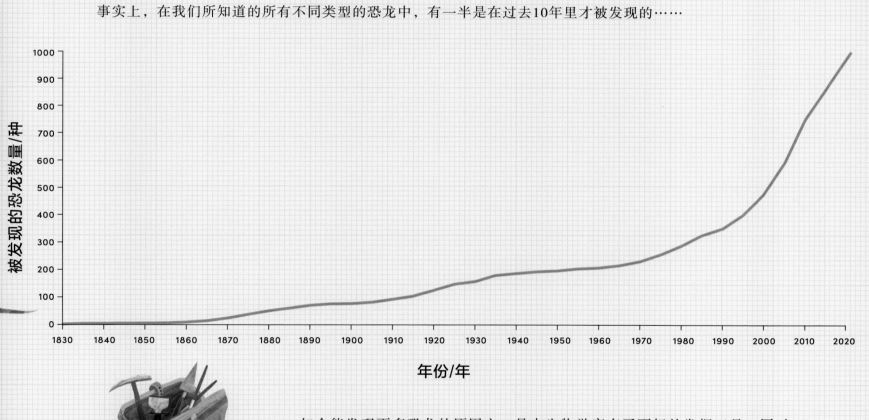

如今能发现更多恐龙的原因之一是古生物学家有了更好的发掘工具，同时也在更多的地方进行发掘。古生物学家才刚刚开始在巴西等国家的发掘，就在那里发现了**悍龙**（2018年被发现）等新恐龙。

尽管在过去的200年里，我们已经发现了1000多种不同类型的恐龙，但仍有成千上万的恐龙化石等待着我们去发现。而那些长相最奇怪、最有趣的恐龙，仍然被埋藏在地下。谁知道它们又会透露出怎样的秘密呢？

根本就没有雷龙这种恐龙

如果你问你的父母，**雷龙**是不是真正的恐龙？一些非常聪明的父母可能会说："不！**雷龙**实际上是**迷惑龙**。"同时，他们可能会给你看很多书，确认事实就是这样的……然后，他们就会沾沾自喜，对自己丰富的学识很得意……

事实是……1879年**雷龙**被描述时，正值"化石大战"的高潮时期。有一段时间，每个人都满意于这种新命名的"雷霆蜥蜴"。

20世纪初，一位古生物学家观察了"雷龙"的骨架后，认为它实际上是两年前已经被命名的另一种恐龙——外观极为相似的**迷惑龙**。**雷龙**是一个很棒的名字（而且它的学名"*BRONTOSAURUS*"很容易读！），所以人们一直在使用这个名字，尽管科学家们已经说它是**迷惑龙**。

但是，在2015年，一个科学家团队仔细研究了所有**梁龙**类恐龙，发现很多细节都被忽视了。**雷龙**与**迷惑龙**的背部骨骼不同，**雷龙**的更小，而且它们的头骨看起来也完全不同……也就是说，**雷龙**一直都是真实存在的！

在首次被发现的136年后，**雷龙**又被认证回来了！

当古生物学家描述了新的恐龙，但后来发现它们的特征与已经发现的恐龙相同时，新的恐龙名就会被弃用。

在"化石大战"期间，许多新命名的恐龙并不代表着新恐龙。1878年被描述的**强肌龙**，实际上就是**异特龙**。

这种情况在20世纪也发生过。**雷盗龙**被描述于1996年，但后来人们才发现它是侏罗纪晚期兽脚类恐龙——**蛮龙**。

1.33 米

有时古生物学家只找到了一件化石，就命名了一种新的恐龙。**极龙**得名于一件巨大的背椎骨化石，后来人们发现它实际上属于体形巨大的**超龙**。唉！

古生物学家们整天都在发掘化石

错误！

恐龙专家们不会把所有时间都用于寻找牙齿、骨骼和爪子化石。作为古生物学家，他们实际上要做各种不同类型的工作。

参观博物馆并研究化石

人们已经发现了很多很多的恐龙，但并未完全了解它们。因此，古生物学家们花了大量的时间来研究博物馆里的化石。给它们拍照，然后非常仔细地描绘恐龙的骨骼。这个过程可以帮助古生物学家们发现恐龙的新特征，即使这些化石可能已经被存放在抽屉或柜子里很多年了！

观察现生动物

通过研究现生动物，如鸟类和爬行动物，古生物学家们可以更好地了解恐龙与现生动物之间可能的行为纽带。

用X射线扫描化石

有时很难去除化石上所有多余的岩石，所以古生物学家们会使用X射线来扫描化石。这使得古生物学家可以观察岩石内部的恐龙化石，就像医生在医院里通过X射线检查看到你体内的骨头一样！

使用计算机复原骨骼模型并3D打印

古生物学家们用X射线扫描化石后，可以借助特殊的计算机程序，制作出恐龙的数字模型。然后可以3D打印出恐龙模型，并进行测试，以研究恐龙活着的时候，其全身的骨骼是如何活动的！

花大量时间在化石清修室里

当古生物学家们花时间把化石发掘出来后，他们发现骨头化石会附着在大量的岩石上。这些围岩都需要用钻头、锯子和化学品仔细地清理掉。

观察动物如何腐烂

重要的是要了解恐龙从死后到变成化石之前发生了什么。一些古生物学家会研究动物是如何腐烂的……这可能是一项很臭的工作。

教学

很多古生物学家会在博物馆和学校演讲，向人们讲授地球生命史或动物身体原理。他们通常会非常热衷于和任何人谈论他们最喜欢的恐龙！

做复杂的数学模拟

一些古生物学家利用数学模拟来重现过去的地球，以了解地球的古气候，以及生物在史前森林或沙漠中活动的情形。

写作

古生物学家们也花很多时间去写作。他们把所有的发现都写成论文，发表在专门面向科学家的杂志上，这些杂志被称为学术期刊。

最后……

有时候单凭自己的力量理解一些事情是很困难的，所以，和你的朋友聊一聊是一个很好的主意。正因为如此，古生物学家们也会大量阅读其他科学家写的论文和著作，然后进行讨论，这样他们就可以一起回答最难的科学问题。

只有男孩才会喜欢恐龙

你是谁或者你来自哪里，并不重要……恐龙对于每一个人都具有吸引力！
有些人可能认为只有男孩才会喜欢恐龙，但事实上，当今有一些伟大的
恐龙古生物学家其实是女性！

苏西·梅德曼特

苏西是一位英国的古生物学家，她在伦敦自然历史博物馆研究**剑龙**及其近亲。她最喜欢的野外工作地点是美国的犹他州，因为那里自然环境优美（还有美味的早餐卷饼）。

萨纳·赛义德·巴西乌尼

萨纳是一位埃及的古脊椎动物学家，她帮助发现了白垩纪非洲的蜥脚类恐龙——**曼苏拉龙**（这是埃及历史上第一次由埃及考察队发掘出埃及的恐龙！）。

韦罗妮卡·迭斯·迪亚斯

韦罗妮卡是一位西班牙的古生物学家，她使用计算机模拟来研究巨大的蜥脚类恐龙的运动模式。她还会吹长号和弹班卓琴！

塞西莉亚·阿帕德堤

塞西莉亚是一位阿根廷的古生物学家，研究三叠纪时期的最早的一些巨型恐龙。

雅拉·哈里迪

雅拉是一位在加拿大长大的埃及古生物学家。她研究骨骼和牙齿是如何演变的，以及恐龙在受伤后伤口如何愈合。她喜欢徒步旅行和观鸟。

邹晶梅

邹晶梅是一位在美国出生的古生物学家，她在中国研究一些古鸟类和它们的恐龙近亲。她有两只狗，喜欢唱爱尔兰民歌。

皮娅·维列蒂

皮娅是一位南非的古生物学家，她在南非卡鲁盆地和非洲许多国家的化石点工作，试图更好地了解三叠纪末期的地球。

萨拉·基南

萨拉是一位美国的古生物学家和地球化学家，她研究骨头是如何变成化石的。她有一次发现了一件**三角龙**化石，并给这件化石取了个绰号叫"萨拉三角龙"。

杰斯米娜·维曼

杰斯米娜是一位德国的古生物学家，她研究化石中保存的软组织，以更多地了解恐龙的行为、生活和演化。她最激动人心的发现是从**异特龙**的骨头化石中提取出了细胞！

林赛·赞诺

林赛是一位美国的古生物学家，她花了大量的时间在美国西部的野外，从非常坚硬的岩石中挖掘恐龙化石，经常需要用到手提钻和锯子！

费姆克·霍尔韦达

费姆克是一位荷兰的古生物学家，她是研究侏罗纪蜥脚类恐龙的专家。她研究了阿根廷的巨大的**巴塔哥尼亚龙**，因此要经常前往巴塔哥尼亚。

阿努苏亚·金萨米·图兰

阿努苏亚是一位南非的古生物学家，她研究并撰写了许多关于非洲恐龙的论文，包括骨骼发育等复杂的生物学内容。

杜安苏达·查加罗翁

杜安苏达是一位泰国的古生物学家，她在2019年帮助发现了**暹罗盗龙**，这是在东南亚发现的第一只鲨齿龙类恐龙。她相信只要你有足够的勇气，一切皆有可能！

基尔斯顿·福莫索

基尔斯顿是一位美国的古生物学家，她研究与恐龙生活在同一时期的大型海洋爬行动物。她会吹长号和弹钢琴，并为她所在大学的美式足球队加油。

埃米莉·雷菲尔德

埃米莉是一位英国的古生物学家，她使用计算机程序来研究恐龙是怎样生活、进食和运动的。

加比·索布拉尔

加比是一位巴西的古生物学家，她研究了很多动物的头骨的内部结构，包括**难捕龙**这样的恐龙。她喜欢徒步旅行和攀岩。

埃玛·邓恩

埃玛是一位爱尔兰的古生物学家，她用计算机模型来研究古气候对恐龙栖息地以及恐龙的演化有何影响。

尤金妮亚·戈尔德

尤金妮亚出生于阿根廷，是一位古生物学家，研究鸟类和恐龙的大脑演化，并与他人合著了《她发现了化石》一书，讲述了古生物学研究史中那些令人惊叹的女性。

波罗赛格·民津

波罗赛格是一位蒙古的古生物学家，除了发现新化石外，她还致力于将被人从蒙古非法带走的恐龙化石带回她的祖国。

埃莱娜·奎斯塔

埃莱娜是一位来自西班牙加那利群岛的古生物学家，她研究在西班牙和亚洲发现的兽脚类恐龙。业余时间，她会学习日语，也很喜欢玩电子游戏。

现在我们知道了恐龙的一切

当你读完这本书时，某位幸运的古生物学家很可能又发现了一种全新的恐龙，
或是偶然发现了一种已命名恐龙的新标本。

无论是一副完整的骨架，还是只是一块骨头的碎片，每一个新发现都会带来新的知识。每一件新化石，无论多么小或多么不完整，都能告诉我们更多关于恐龙的信息。

这些新的信息片段，慢慢地帮助古生物学家更全面地了解恐龙的真实面貌，包括恐龙照顾幼崽的方式、运动方式以及皮肤颜色等。但是，我们还有很多东西需要学习！古生物学家们继续在世界各地寻找化石，同时使用新技术研究旧标本，并在各个博物馆的大厅里潜心研究，重新描述那些被存放多年的恐龙骨骼。

每当有一个新发现，我们就离恐龙的真相更近一步。但请记住，真相也可能是错误的！不久前，还有许多人认为霸王龙跑得比人类快，认为大多数恐龙都是冷血动物，还认为恐龙身上不可能长有绒毛。

所以，也许有一天，我们会发现，我们今天对恐龙的一些看法，甚至是这本书中的一些真相，可能也是错误的！

词汇表

阿瓦拉慈龙类 一类双足行走的小型恐龙，它们的"手臂"粗短但非常有力。

保护色 一些动物可以通过将自己的身体变成和环境相似的颜色来隐藏自己。

标本 动植物或其化石的个体或一部分。

哺乳动物 一类有脊椎、有皮毛、产奶并能保持恒温的动物。

驰龙类 一类跑得很快的双足行走恐龙，第二脚趾上有镰刀状的爪子。

DNA 在动物、植物、真菌和其他生物的大多数细胞中发现的一种化学密码，包含了如何控制和合成一种被称为蛋白质的化学物质的指令。

第二次世界大战 一场在1939年全面爆发，持续到1945年的战争，涉及世界各地的许多国家，并导致了数千万人的死亡。

动物学家 研究现生动物的科学家。

发掘 把埋藏在地下的东西挖出来。

古生物学家 研究古代生物的化石及其生活的世界的科学家。

化石 古代生物的遗体、遗物或遗迹埋藏在地下，变成跟石头一样的东西。

化石大战 19世纪的一段时期，两位古生物学家相互竞争，在北美发现了许多著名的恐龙。

假说 提出一个问题并给出答案，在收集证据后证明答案为真或假。

角龙类 植食性恐龙，头骨上长有颈盾和骨质喙，有时还长有角。

镰刀龙类 一群双足行走、主要是植食性的兽脚类恐龙。

猎物 被掠食者猎杀并吃掉的动物。

掠食者 猎杀并吃掉其他动物的动物。

灭绝 一个物种的最后一个生物体的死亡。

鸟脚类 白垩纪时期十分常见的一类大型、有喙、植食性的恐龙。

鸟臀目 长有类似鸟类臀部结构的恐龙，19世纪古生物学家定义的两种主要恐龙类型之一。

爬行动物 脊椎动物中的一类，现存的爬行动物可分为喙头目、龟鳖目、蜥蜴目、蛇目和鳄目。

肉食性恐龙 以其他动物为食的恐龙。

生物 单个生命体，如单只三角龙、单棵银桦树或单个细菌。

生物学家 研究植物、动物和真菌等生物的科学家。

兽脚类 一大类骨骼中空、双足行走的恐龙，包括霸王龙和所有现生鸟类。

同类相食 以同类动物为食。

蜥脚类 一类有长脖子、长尾巴的恐龙，通常可长到非常大的体形。

蜥臀目 长有类似蜥蜴臀部结构的恐龙，19世纪古生物学家定义的两种主要恐龙类型中的另一种。

显微镜 一种把小物体放大，使它们看起来更大、更清楚的科学设备。

嗅球 大脑中一个通过接收来自口腔和鼻子的信号以便探测气味的结构。

鸭嘴龙类 生活在白垩纪时期的大型的、植食性的、长有"鸭嘴"的恐龙。

演化 一个物种的表征或身体形态在世代之间发生变化。

证据 表明一个观点是否真实的信息。

植食性动物 以植物和其他非动物的生物为食的动物。

主龙类 一类彼此有亲缘关系的动物，包括现生的鸟类、鳄类，以及其他已灭绝的动物，如非鸟恐龙和劳氏鳄类。

祖先 指与后来的动植物物种有亲缘关系的动植物。

索引